寄 语

印度洋上有一颗美丽的“珍珠”，它就是岛国斯里兰卡。自古以来，斯里兰卡就以珍珠、宝石、茶叶和香料闻名于世。同时，斯里兰卡拥有美丽的海滩和优美的环境，自然资源丰富，气候类型多样，文化遗产绚丽多彩。

中国和斯里兰卡虽然相距较远，但友好往来源远流长，留下了许多家喻户晓的动人故事。今天我们要讲的故事就发生在斯里兰卡的科伦坡。这是一个从海中诞生出城市的故事。在不久的将来，一座世界级都市——即我们这本书所讲的“科伦坡港口城”——便会伫立在这里。

为什么要建科伦坡港口城呢?

斯里兰卡每 3 个人中就有 1 个人住在大西部省，热闹的科伦坡就位于这个省。随着经济的发展，科伦坡市区空闲的土地越来越少，政府和居民急需开拓出一片新的土地。正好斯里兰卡的好朋友——中国，在这方面有丰富的经验。中国港湾工程有限责任公司（简称中国港湾）曾经在香港填海建过机场，还修建了全球很多著名的港口、桥梁和公路。于是，斯里兰卡政府就和中国港湾一起商量在总统府对面填出一大片新的陆地，这片陆地上将建起一座新城市——科伦坡港口城!

你也许会好奇，科伦坡港口城是什么样的呢?

科伦坡港口城总面积 269 万平方米，周长约8000 米，

需要 8000 位小朋友手拉手才能围成一圈。建成后这里将成为科伦坡的中心，一座座办公楼将拔地而起，在漂亮的海景公寓内凭窗远眺，印度洋的美景尽收眼底。你可以和朋友一起去主题乐园游玩，陪家人到绿树成荫的公园散步，还可以带宠物到人工沙滩玩耍。这里有世界一流的国际学校和知名公司，是一座充满希望的未来之城。

读完这本书，你将了解到一座全新的城市是如何在海上一步一步建起来的。而这些有趣的知识将帮助你看到更大的世界。

现在，让我们开始探索这座未来之城、这座中斯人民友好合作的新地标——科伦坡港口城吧！

中国驻斯里兰卡大使

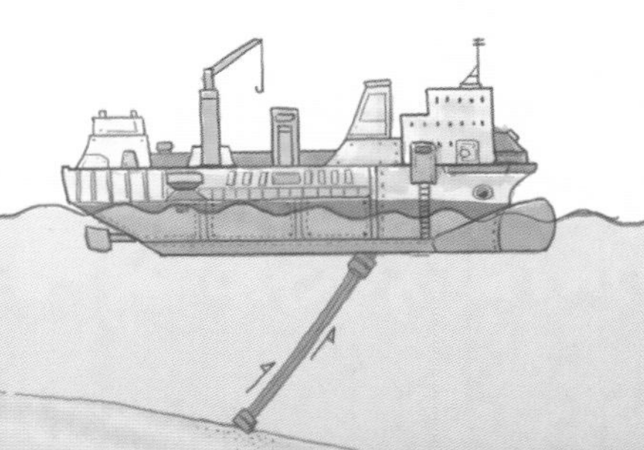

指导单位

中国交通建设集团有限公司

顾问专家

中国工程院院士　张喜刚

中国工程院院士　林　鸣

编 委 会

主　　任　刘　翔
副 主 任　田菊芳　洪　进
总 策 划　田菊芳
编　　委　查长苗　米金升　刘宝河　傅瑞球　曾瑞雄　王　成
主　　编　米金升
执　　笔　张　曦　任明朝　檀丽娅　叶笑阳　江厚亮　向　楠　何瑞艳　陈德刚　邱　云　谢小月　马晓菁　霍　晨　程书宇　乐业清　崔　阳　江　啸　尉　薇　焦　旭　刘　畅　朱国虎　沈　煦　崔　云　王学森　黄丕康　杨　昆

图书在版编目（CIP）数据

填海造城 / 乐业清, 崔阳, 江啸著；团团绘. —北京：北京科学技术出版社, 2021.12（2022.10重印）
ISBN 978-7-5714-1294-4

Ⅰ. ①填⋯　Ⅱ. ①乐⋯ ②崔⋯ ③江⋯ ④团⋯　Ⅲ. ①城市规划－建筑设计－科伦坡－少儿读物　Ⅳ. ① TU984.358-49

中国版本图书馆 CIP 数据核字（2021）第 004363 号

策划编辑：刘婧文
责任编辑：张　芳
封面设计：沈学成
图文制作：天露霖文化
责任印制：张　良
出 版 人：曾庆宇
出版发行：北京科学技术出版社
社　　址：北京西直门南大街 16 号
邮政编码：100035
ISBN 978-7-5714-1294-4

电　　话：0086-10-66135495（总编室）
　　　　　0086-10-66113227（发行部）
网　　址：www.bkydw.cn
印　　刷：北京盛通印刷股份有限公司
开　　本：889 mm × 1194 mm　1/16
字　　数：31 千字
印　　张：2.5
版　　次：2021 年 12 月第 1 版
印　　次：2022 年 10 月第 4 次印刷

定　　价：49.00 元

填海造城

乐业清　崔　阳　江　啸◎著

团　团◎绘

（明天教室）

北京科学技术出版社

“爸爸回来了！”

阿德薇妮和梅特妮的爸爸桑吉瓦是斯里兰卡的一名工程师，他总是在外工作。

爸爸这次工作的地方就在科伦坡旁的海上，他要在那里建一座新城市。

为什么要建一座新城市呢？

斯里兰卡最大的城市科伦坡满是高楼大厦，空闲的土地越来越少，但是来到科伦坡的人越来越多，城市里拥挤不堪。

已经没有土地了，
该怎么办呢？
不如从海上找
找答案吧！
TAXI
TAXI

但是，在海上建一座城市可不像堆沙堡这么简单！
爸爸他们需要先用沙子填海，填出一片新陆地。

爸爸的朋友们从中国赶来斯里兰卡，他们是中国港湾的工程师，承担了此次新城的建设工作。到达斯里兰卡后，他们立刻投入工作中。

北侧集装箱码头
市中心
东侧原海岸线
在填海造城之前，爸爸他们需要为新城选择一个合适的位置，这里不仅要交通方便，周边还要有齐全的设施。
新城的北侧是集装箱码头，东侧是原海岸线，这两个地方不需要再建防波堤，并且这个区域的海底已经积累了一定量的海沙。

选好了新城的位置，就要开始填海了。新城需要 269 万平方米的陆地，相当于 377 个标准足球场那么大！

要填出这么大的陆地，沙子从哪里来呢？

为了保护海洋环境和鱼类，取沙区在海岸线5000米以外，水深15米以下，这样海岸线不会受到侵蚀。
取沙区
海洋环境专家对沿海礁盘区鱼群产卵地和传统渔场进行了大量调查，确保外海取沙不会影响这些礁盘区和渔业区。
68米
105米
在海边建沙堡，用的是海滩上的沙子；要想在海上建一座新城市，最好的办法就是用海中的沙子填出一片新的陆地。

呜——
疏浚船从远海运来沙子，
轰隆——
沙子堆填在海边。
浚洋 1 轮疏浚船是长达 167 米的大家伙，可以深入水下 90 米的地方进行挖沙作业，每小时挖沙约 2 万立方米。
浚洋 1

起初，看不见一点儿变化。
日复一日，随着疏浚船来回穿梭，
这里慢慢有了变化……

浚洋 1 轮还有很多“兄弟姐妹”，它们会一起忙忙碌碌，在海边“吞吐”。很快，一片新的陆地诞生了。

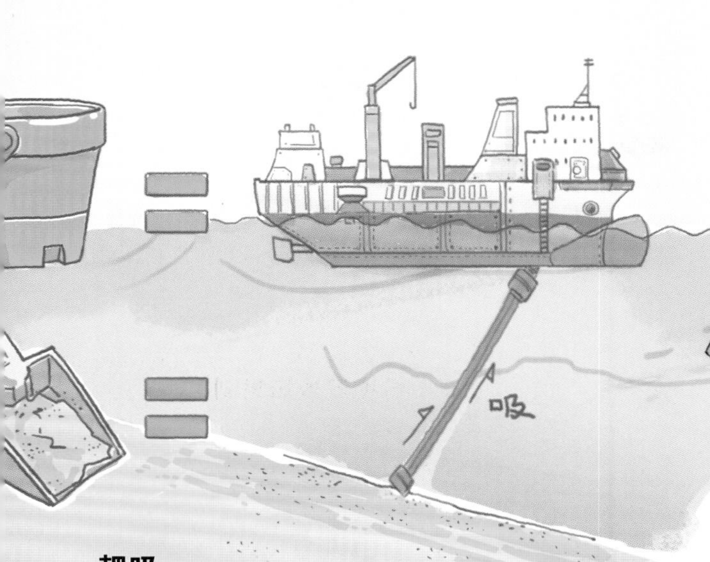

底部沉沙

如果填海点的海水很深，疏浚船就会打开储存舱的舱门，将沙子直接倒到海底，抬升海床高度。

耙吸

“吸管”扫过海底，将沙子和水一起吸入船上的储存舱内，运到施工现场。然后，疏浚船会针对不同的位置采用不同的吹填方式。

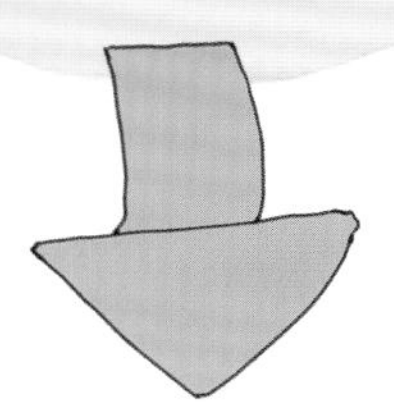

管线吹送

当填海点距离疏浚船很远，无法虹吹时，疏浚船会通过管线将沙子输送至填海点。

虹吹

如果填海点的水深不足以让疏浚船驶入，疏浚船就将沙子喷入填海点。

为了保护这片新的陆地，爸爸他们还要在陆地外侧建设一道防波堤。

防波堤是像斜坡一样的保护墙，可以阻挡海浪，避免海水侵蚀陆地。

防波堤主要分 3 层：最下面一层是堤心砂，中间一层是大大小小的石块，最上面是扭王字块。它们一起组成了一道坚固的防线。

起重机在工程
师的操作下放置扭
王字块。
扭王字块是像“王”字一样的混凝
土块。起重机上安装有摄像头，工
程师利用可视化技术将扭王字块堆
砌到防波堤的上层。
石块
堤心砂

填海造陆和防波堤施工顺利推进着。

突然，一场 50 年一遇的台风袭来，风力达到了 11 级。防波堤还未安装扭王字块，在凶猛海浪的冲击下受到了不同程度的破坏。

好在陆地在防波堤的保护下安然无恙。

看到在建的防波堤遭到破坏，爸爸和他的工程师朋友们快马加鞭地修复被台风破坏的部分。

完工的防波堤是不会被破坏的，能靠扭王字块组成的护面抗击波浪。

经过大家夜以继日的努力，防波堤终于建好了。

防波堤坚守在新生的陆地外侧，将见证新的城市——科伦坡港口城从这里拔地而起。

沙堡修好啦!
接下来要好好设计
沙堡里面啦!

陆地虽然填造好了，但在修建地面建筑之前，必须要保证地基足够结实，不会因为修建了建筑而发生沉降。

这就需要工程师们完成一项重要的工作——加固地基。

有两种地基加固方法：强夯法和振冲法。

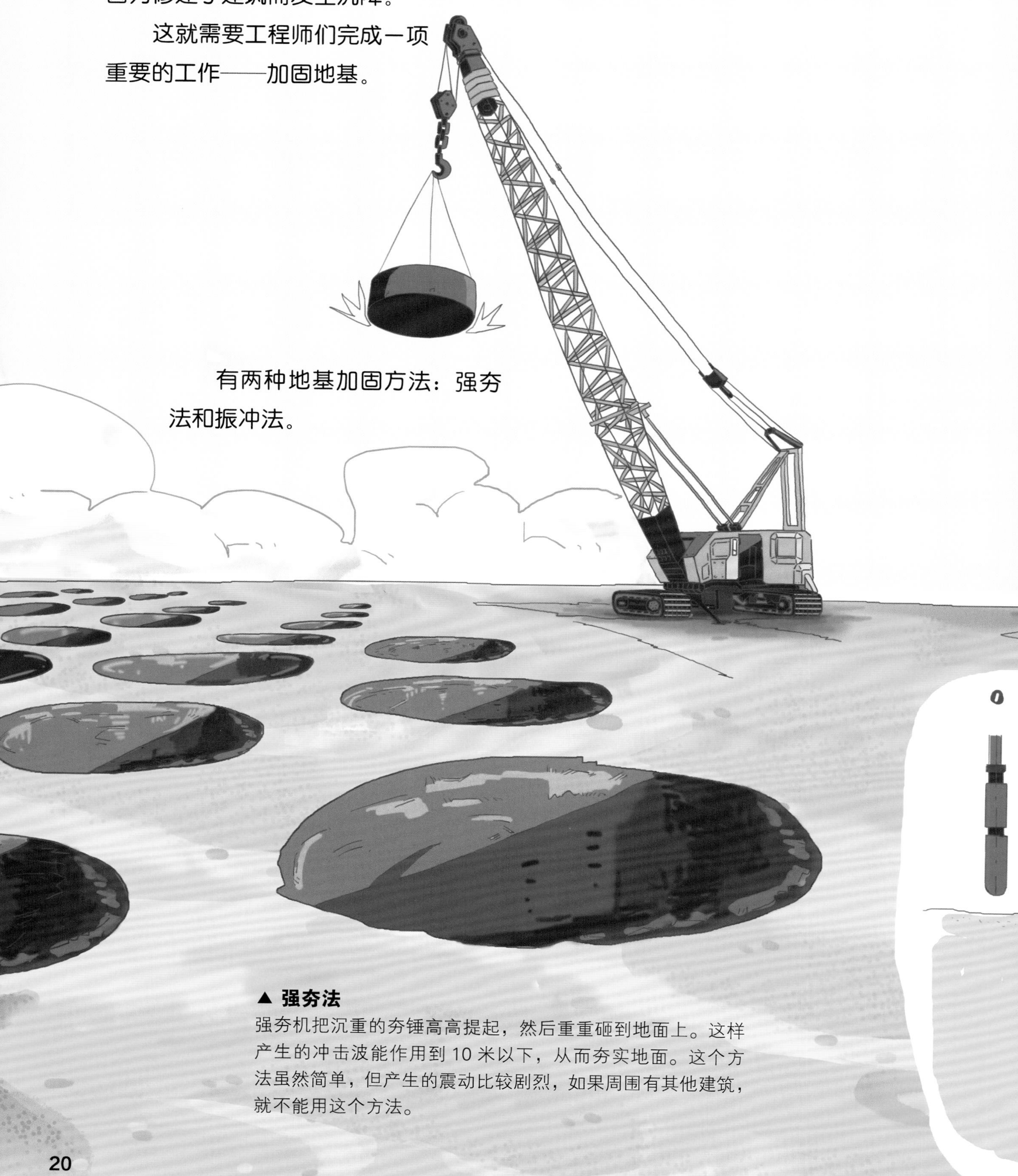

▲ 强夯法

强夯机把沉重的夯锤高高提起，然后重重砸到地面上。这样产生的冲击波能作用到 10 米以下，从而夯实地面。这个方法虽然简单，但产生的震动比较剧烈，如果周围有其他建筑，就不能用这个方法。

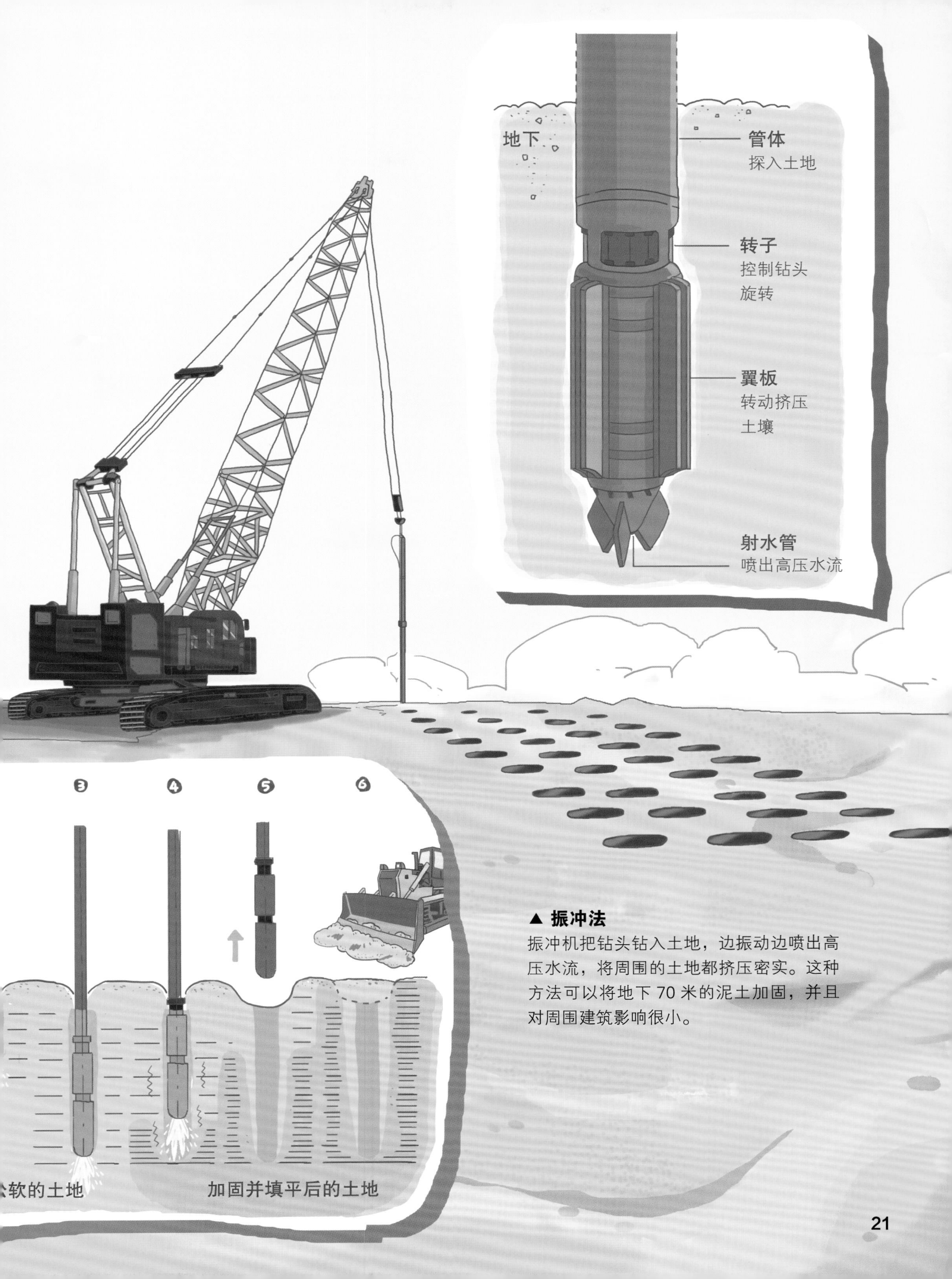

▲ 振冲法

振冲机把钻头钻入土地，边振动边喷出高压水流，将周围的土地都挤压密实。这种方法可以将地下 70 米的泥土加固，并且对周围建筑影响很小。

但是，想要建成一座城市，还需要完成很多看不见的工程，比如修建供水系统、电力线路等管线系统。

一座城市的管线系统就像是一个人的血管，用于输送水、电等城市赖以运行的“养料”，排除污水等“废弃物”。

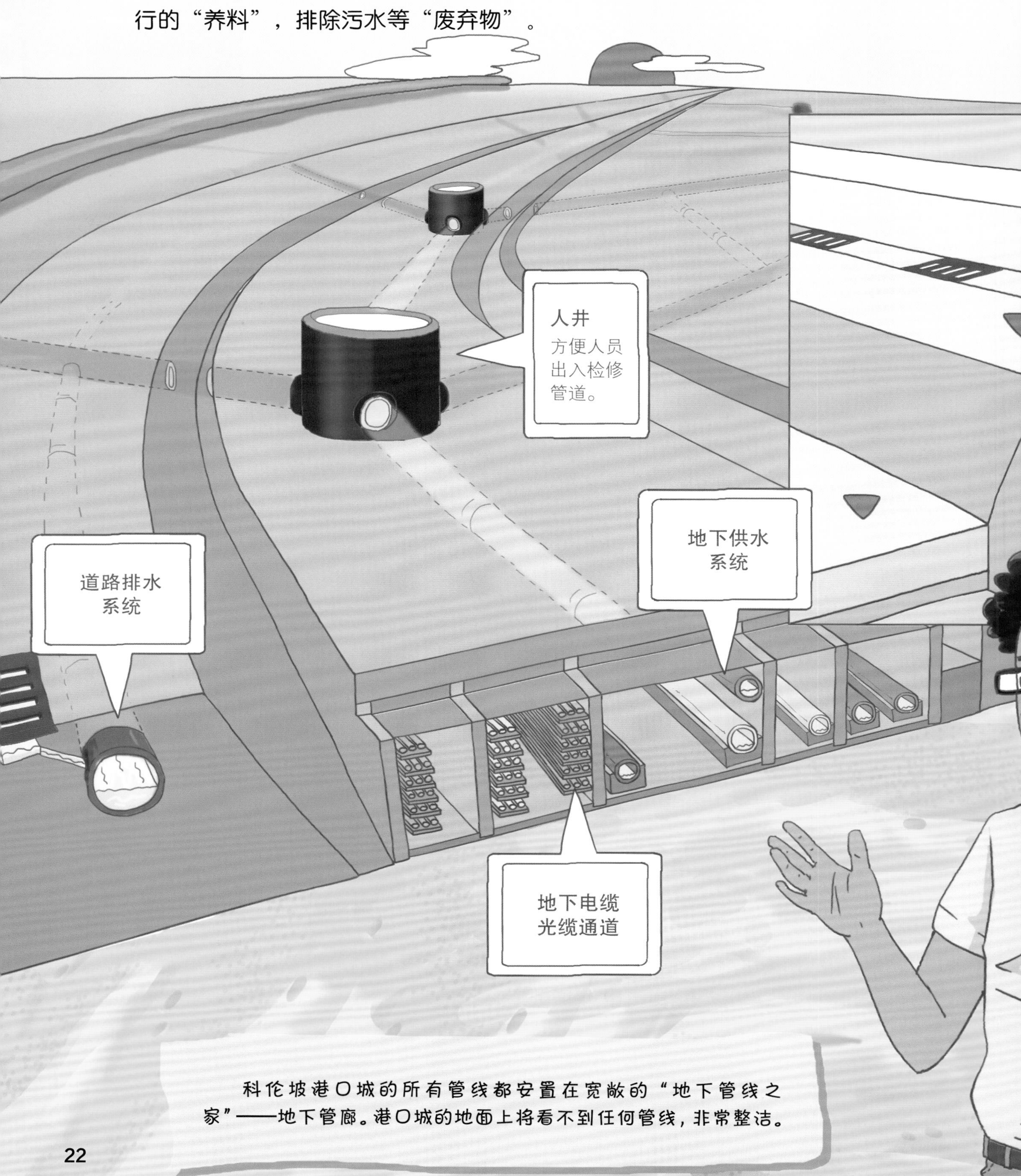

面对深水区污水井室安装水位高、流沙大的情况，工程师们在深坑里用钢板围成一圈，挡住四周的水和流沙，大大提高了安装效率。
在沙地上建设地下管廊时，开挖后坑中水比较深，无法一次性开挖到底。工程师们采用分级放坡开挖的方式，合理设置集水坑，边开挖边降水位。

各式各样的建筑也开始修建啦！

港口城被分为多个功能区，每个功能区的建筑都有自己的特色。

金融区将建起高耸入云的地标建筑，吸引世界各地的精英。
这里建座游乐园吧!
国际品牌带动区拥有现代化的会展中心、国际学校、医院，这里还会建起孩子们喜欢的主题公园。
宜居生活岛是居住区，在这里你拉开窗帘便可以看见无边海景，打开窗户便可以感受到来自印度洋的海风。椰林树影，水清沙细，人工沙滩是欣赏日出日落和玩耍散步的好去处。

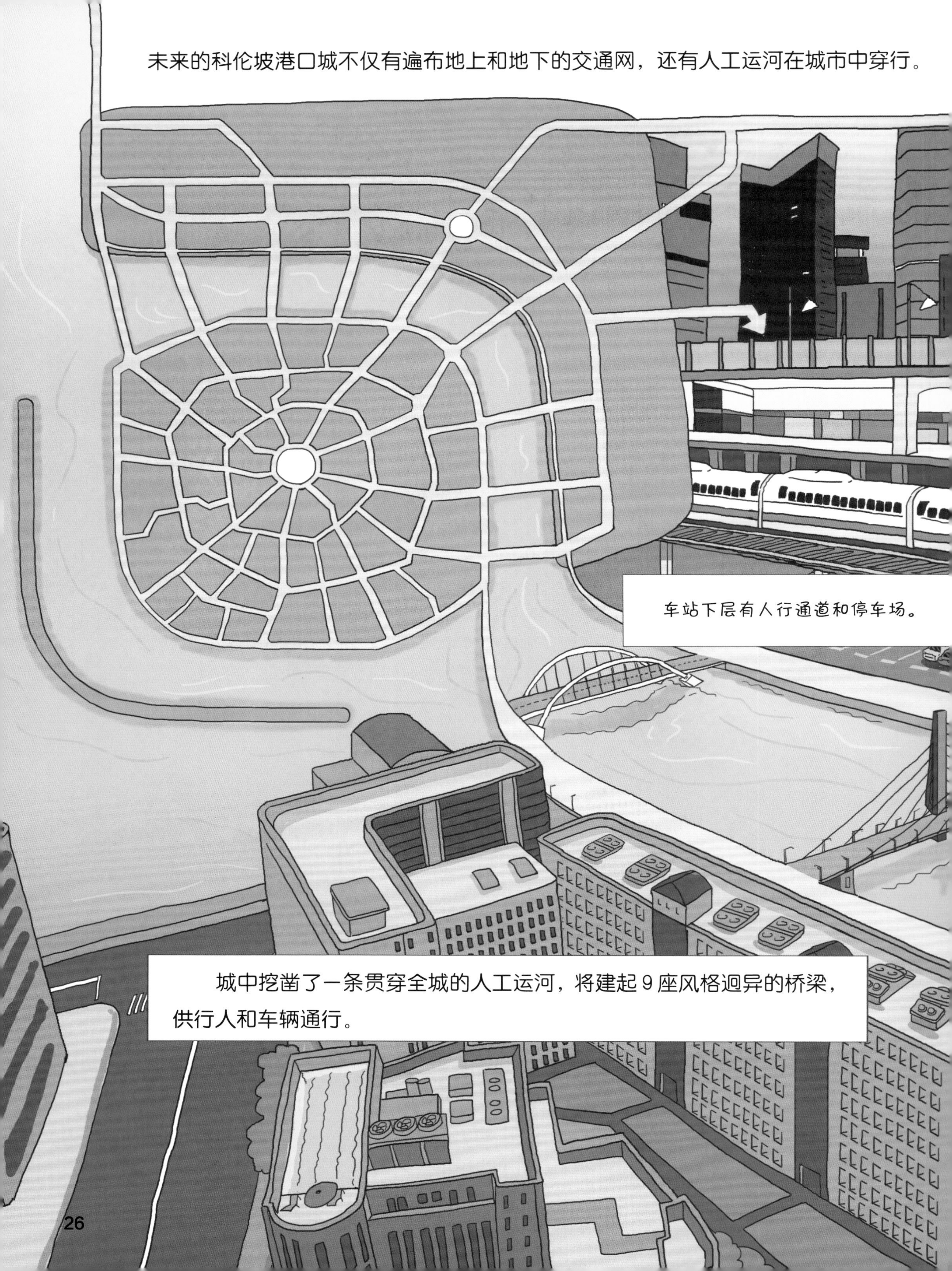
未来的科伦坡港口城不仅有遍布地上和地下的交通网，还有人工运河在城市中穿行。
车站下层有人行通道和停车场。
城中挖凿了一条贯穿全城的人工运河，将建起 9 座风格迥异的桥梁，供行人和车辆通行。

地面上建有四通八达的公路和轻轨，它们连接着港口城内的每一座建筑。
乘坐斯里兰卡特有的突突车能够走遍大街小巷，它们小巧玲珑、色彩鲜艳，很是可爱。
TAXI
TAXI
乘坐水上出租车，穿过景观水道，尽情欣赏科伦坡港口城美丽的景色。
TAXI

未来的某一天，港口城将完全建好。
我们可以坐上轻轨列车，
向港口城出发！
我们也想去港口城
看一看！
我要带上可爱的宠物，
陪爷爷奶奶一起到公园
散步，以后我还要跟妈
妈来这里逛街。

长大后，我想成为一名建筑师，在港口城建起更多的摩天大楼；或者成为一名金融分析师，让斯里兰卡更加繁荣。

未来，港口城的故事还将继续。
科伦坡港口城将使斯里兰卡这颗“印度洋上的珍珠”更加璀璨夺目。

港口城为斯里兰卡
带来了新机遇！
ITALK
LCOME